儿童数学思维大书

Children's mathematical thinking book

李其森 ◎著

文化发展出版社
Cultural Development Press

图书在版编目（CIP）数据

儿童数学思维大书 / 李其森著 . — 北京：文化发
展出版社，2020.8

ISBN 978-7-5142-3068-0

Ⅰ. ①儿… Ⅱ. ①李… Ⅲ. ①数学－儿童读物 Ⅳ.
① 01-49

中国版本图书馆 CIP 数据核字（2020）第 131328 号

儿童数学思维大书

作　　者：李其森

责任编辑：肖润征
总 策 划：白　丁
产品经理：李　雪
出版发行：文化发展出版社有限公司（北京市翠微路 2 号）
网　　址：www.wenhuafazhan.com
经　　销：各地新华书店
印　　刷：北京彩和坊印刷有限公司

开　　本：889mm×1194mm　1/16
字　　数：80 千字
印　　张：5.25
版　　次：2020 年 10 月第 1 版　2021 年 4 月第 2 次印刷
Ｉ Ｓ Ｂ Ｎ：978-7-5142-3068-0
定　　价：58.00 元

本书若有质量问题，请拨打电话：010-82069336

目　录

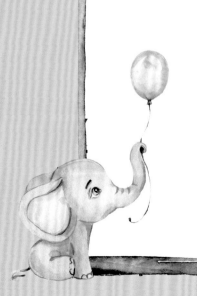

神奇的

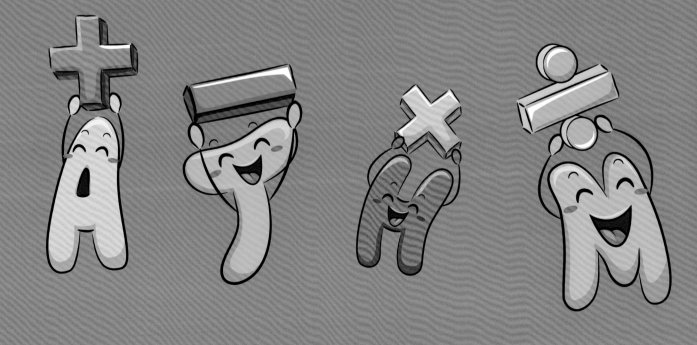

数学起源于人类早期的生产生活，人们从远古时代开始就已经积累了一定的数学知识，并能应用到解决实际问题中。在中国古代，数学叫作算术，远在周朝就被纳为官学学生必须掌握的"六艺"——"礼、乐、射、御、书、数"中的"数"。除了古代中国以外，古巴比伦、古埃及、古希腊、古印度等古代文明也都有关于数学的不同程度的发展。

现在，我们的生活中随处可见对于数学的应用，如人们购物时计算价格的总额、游戏时计算胜负的概率、商人要用到数学来计算盈亏、建筑师要利用数学来绘制图纸等。代数和几何是基础数学的重要门类，也是我们日常生活中最常见到的数学形式。除代数和几何之外，其他如概率论、函数论、应用统计数学等复杂的分支也日渐被人们所关注。

代数

代数是数学的一个重要分支，是由有着数千年发展历程的算术演变而来的。加、减、乘、除等基本运算都属于代数学的内容。

几何

几何也是数学的一个重要分支，主要研究空间的结构和性质。几何学有着上千年的发展历程。最早的几何研究方向主要是平面几何和立体几何，这也是现在我们初学几何的人需要首先学习掌握的两个学习方向。

数轴

数轴是一种特殊的几何图形。在数学领域，画一条直线，用直线上的点表示数，则这条直线叫作数轴。

在数轴中，要有一个表示0的点，这个点叫作原点。一般情况下，原点左边表示负数，原点右边表示正数。原点、正方向、单位长度是数轴的三个基本要素。

学习数学，可以帮助人们培养更理性、更缜密、更科学的数学逻辑思维，全方位提升人们的思维潜能。

数学是一切科学的基础，是思维能力的重要体现。培养对数学的兴趣，就是培养对科学的兴趣。

提高归纳力

数学具有概念化、抽象化、模式化的特征，要求定理、公式要有普遍性，这种提炼事物本质属性的研究方式有助于优化学习者的归纳能力。

提升想象力

在几何学习中，平面图形和立体图形的各种变化，不同视角下图形的变化，需要学习者充分发挥大脑的想象力，在头脑中建立模型。

增强观察力

形状和空间问题、排列和规律问题可以帮助人们提高对图形和数字的观察能力，不仔细观察是很容易得到错误的答案，做这种练习时一定要有耐心。

培养逻辑力

思考数学中的逻辑和推理谜题，还有从古希腊传承至今的悖论问题，找出谜题中的逻辑依据、悖论中的逻辑陷阱，一定会超有成就感的！

让我们一起翻开本书，在好玩有趣的数学故事和数学游戏中感受奇妙的数学魅力吧！

数字与符号

数字是经过漫长岁月的发展才演变成如今这个模样的。几千年以来，世界上各种文明在交流和融合中不断发展创新，几大古代文明都发展出了自己的数字系统，只是各自的写法不同。我们现在常用的数字系统主要是阿拉伯数字、罗马数字和中文数字。

阿拉伯数字，按照起源来讲，应该叫作古印度数字，它经过阿拉伯人的传播而影响了世界，阴差阳错地被误作"阿拉伯数字"了，它是现在国际上通用的数字。

罗马数字是在阿拉伯数字传入欧洲之前通用的数字，现在日常生活中使用较少，但在数学学习研究中常常出现，是不可不知的数字符号之一。

中文数字主要是以中文的形式表示数字，在日常工作、生活中开具发票、收据的时候经常用到，有大小写之分。

阿拉伯数字	1	2	3	4	5	6	7	8	9	10
罗马数字	I	II	III	IV	V	VI	VII	VIII	IX	X
中文数字	一	二	三	四	五	六	七	八	九	十

认识这些数学符号

加号	减号	乘号	除号	比	分数线	百分号
+	-	×	÷	:	/	%

等号	不等号	近似符号	大于号	小于号	大于或等于号	小于或等于号	全等符号	无穷大	圆周率
=	≠	≈	>	<	≥	≤	≌	∞	π

小括号	中括号	大括号
( )	[ ]	{ }

正号	负号	正负号	绝对值符号
+	-	±	| |

平行符号	垂直符号	相交	相离	相切
∥	⊥	⊕	⊙	⊙

三角形符号	直角三角形符号	锐角	直角	钝角
△	Rt△	∠	∟	⦦

欧几里得

（约生于公元前 330 年，卒于公元前 275 年）

古希腊数学家，被称为"几何之父"。他最著名的著作《几何原本》中总结了平面几何五大公设，是欧洲数学发展的基础。这本书第一次系统化地定义了几何学这一学科，直接催生了"欧几里得几何"分科被广泛地认为是历史上最成功的教科书。

我们在本书第27页中将要讲到巧用阴影测量金字塔的方法，据说就是由欧几里得最早提出来的。

数字与平面

公元前3世纪左右，欧几里得在不经意间发现了一个奇特的规则——当大家做乘法运算的时候，其实也是在求一个平面矩形的面积。

当我们在做乘法4×5的时候，数字4和数字5就是这个平面矩形的边长，乘法就这样被表示为一个平面矩形的面积了。

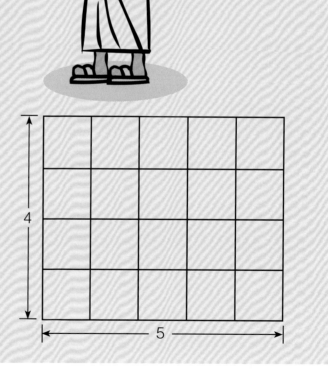

快来试一下其他乘法运算，比如6×8、3×9，画出它们对应的平面矩形，看一看乘法运算的结果和平面矩形的面积是否一样。

毕达哥拉斯

（生于约公元前 580 年，卒于公元前 500 年）

古希腊数学家、哲学家，被称为"数学之父"。毕达哥拉斯聪明好学，自幼便在名师门下学习几何学、自然科学和哲学。

毕达哥拉斯对后世数学的研究产生了非常大的影响。他坚持数学论证必须从"假设"出发，开创了演绎逻辑思想。在这基础上，发展出了毕达哥拉斯学派。

毕达哥拉斯定理

毕达哥拉斯定理是由毕达哥拉斯提出的著名定理，这一定理在中国被称为勾股定理。这一定理是指直角三角形的斜边边长的平方等于其他两条直角边边长的平方和。这一定理用数学公式表示为：$a^2+b^2=c^2$。

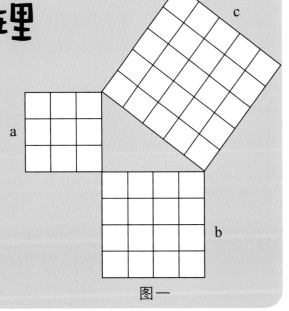

图一

在图一的帮助下，快来用刚刚学会的欧几里得的"数字与平面"规则亲自证明一下毕达哥拉斯定理吧！

毕达哥拉斯与"圣十结构"

　　毕达哥拉斯用石块摆出了一个三角形，偶然间发现了一个奇妙的结构。

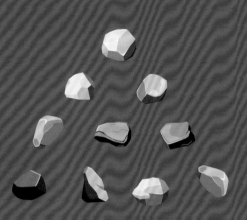

　　如上图这些石块摆成的三角形一共四层，从上向下数，每层的块数和层数一样：最上面的第一层一个石块，第二层两个石块，第三层三个石块，最下面的第四层四个石块，分别代表1、2、3、4这四个数字。这是一个等边三角形，因为三角形的三条边都是由间距相等的四个石块构成的。把这个等边三角形上所有的石块数加起来，得到的算式为1 + 2 + 3 + 4 = 10。这个四层十点等边三角形的结构后来被毕达哥拉斯学派称为"圣十结构"，数字10被认为是一个完美数字。

　　后来，这些能够用三角形的方式来表示的数字，被叫作"三角数字"。

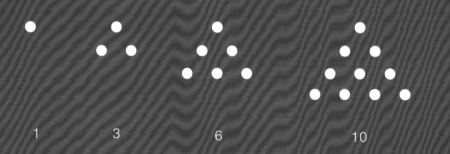

| 1 | 3 | 6 | 10 | …… |

你能继续画下去吗？

迷人的数字"0"

0具有非常多的数学性质，它是指"无"，又不完全是这个意思。

0是最小的自然数。

0能被任何非零整数整除。

0不是奇数，而是偶数。

0不是质数，也不是合数。

0在多位数中起占位作用，如1、10和100，没有0将无法区别。

0不是正数，也不是负数。

0的相反数是0。

0没有倒数。

0的绝对值是其本身，即 $|0|=0$。

0乘任何实数都等于0，0除以任何非零实数都等于0；任何实数加上或减去0等于其本身。

0不能做分母、除法运算的除数、比的后项。

0是一个有理数。

无　穷

无穷，又被称作无限，是没有边界的意思，是一个比较抽象的超越边界的概念。无穷不是一个具体数字，在极限、集合、数轴等方面会用到无穷和趋向无穷的概念。

无穷的符号是∞，我们通常把它形象化地看作数字"8"的90度旋转。∞除了在数学中应用以外，也常见于符号学内容。

无穷还分为正无穷、负无穷，分别记作 $+\infty$、$-\infty$。数列中表示无穷则是用…来表示，如（…，-3，-2，-1，0，1，2，3，…）。

数字密码

密码是我们工作、学习和生活中经常会用到的符号组合，通常情况下是由数字和字母组合而成。小到手机密码、自动门密码，大到银行账户密码、通信密码，人们使用密码主要是出于信息安全的需要，密码的位数越多，规律性越难以识别，破解密码的难度就会越大。

人类对密码的使用已经有大约3 000年的历史了。中国周代就已经出现了"阴符"和"阴书"两种密码，不同长度的竹片约定特殊的含义，若不知晓约定的含义，就无法得知传递的信息。这种方式和现代使用密钥与密码本的方式很相似。

古罗马时期，恺撒密码被发明和应用，这种方法直到现在还经常在各种推理小说中用到。恺撒密码通过将明文进行移位，用移位后的密文进行书写信息，收到密文信息后，需要再将密文移动回明文破解，才能得到原本信息。

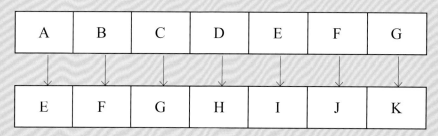

"恺撒密码"示意图

【1】破解密码

爸爸给小明出了一道数学题，其中的数字被爸爸用英文密码隐藏了，你能帮小明算出 A、B、C、D、E 各代表什么数字吗？

$$\begin{array}{r} A\ B\ C\ D\ E \\ \times\qquad\quad 4 \\ \hline E\ D\ C\ B\ A \end{array}$$

形状和空间

远在几百万年前的石器时代，原始人类就在生活中融入了很多数学思考。考古学家发掘出了很多人工打磨而成的"手斧"，尽管形状各异，但这些"手斧"有一个共同点——对称。

时间再近一点，人类从游牧生活发展到定居，开始烧制日常生活中经常使用的陶器。后来，陶器上面开始出现了一些条纹装饰，围绕在陶器外侧一周，表现为同一纹样的不断重复。在这些纹样中我们可以看到图形的对称、旋转和平移。

仔细观察一下你的周围，以数学的眼光重新看待世界，找到你身边由对称、旋转和平移组合的物品。

认识图形

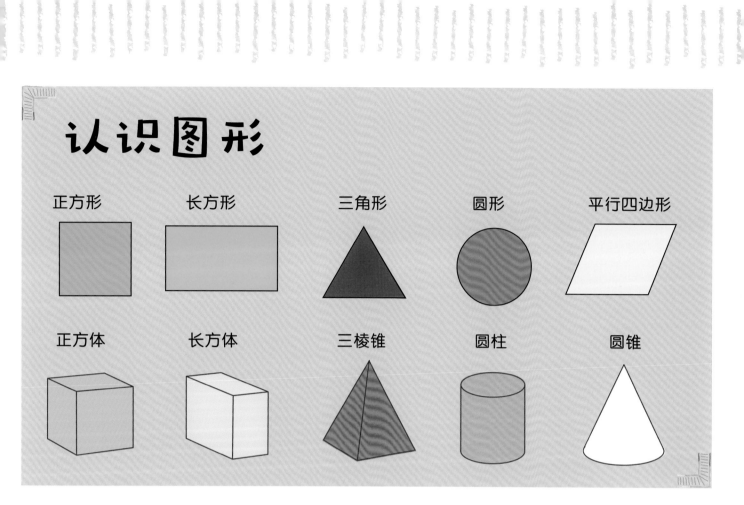

正方形　　　长方形　　　三角形　　　圆形　　　平行四边形

正方体　　　长方体　　　三棱锥　　　圆柱　　　圆锥

柏拉图立体

　　在生活中，我们可以见到各种各样的多面体结构，但是你知道吗，虽然多面体很多，但是正多面体只有5种，分别是正四面体、正六面体、正八面体、正十二面体、正二十面体，它们被称为"柏拉图立体"，快来认识一下吧！请完成下面的表格。

	顶点数（v）	面数（f）	棱数（e）
正四面体			
正六面体			
正八面体			
正十二面体			
正二十面体			

小提示

　　欧拉定理：多边形中顶点数（v）加上面数（f）与棱数（e）的差，恒定为2，即v+f−e=2。

除了这些我们熟悉的常规多边形和多面体之外，还有一些独特的图形吸引着无数数学家倾心研究，你也来认识一下吧！

莫比乌斯环

你可以通过将一条长方形纸带扭转半圈后把纸带两端黏结起来的方式制作出莫比乌斯环，快来动手试试看吧！

彭罗斯三角形
——不存在的三角形

以英国数学家彭罗斯的名字命名的这一奇特三角形被认为是"最纯粹形式上的不可能"。从左图中的示意我们可以得知，彭罗斯三角形是一个由三个截面为正方形的长方体首尾相连而成，每两个长方体连接处所构成的夹角度数为90°。在现实的三维空间中的物体，无法实现彭罗斯三角形的性质，所以，我们说它是不存在的三角形。但是，有一些建筑师们又的确建造出了一些在特定角度下观看，所看到的图形和彭罗斯三角形的二维图案相同的三维建筑，为这奇特图形增添了更深一层的神秘感。

四色定理

四色定理，在未被证明之前又称为"四色猜想"，曾是世界三大数学猜想之一。这一猜想是在1852年由一名叫古德里的大学生提出的，他发现"任何一张地图只用四种颜色就能使具有共同边界的国家着上不同的颜色"。这一猜想在实验中屡试不爽，却苦于这一发现无法从数学上加以证明。

之后的一个多世纪以来，数学家们为证明这个猜想绞尽脑汁，尝试了很多数学计算技巧，直到1976年，美国数学家借助计算机完成了此证明，这一猜想才正式被称为四色定理。

世界三大数学猜想：

费马猜想——已经证明——费马大定理

四色猜想——已经证明——四色定理

哥德巴赫猜想——尚未证明（加油，看你的了！）

拿起画笔，对下图中的图案进行涂色，相邻的两个图案不允许使用同一种颜色，快来试试看吧！

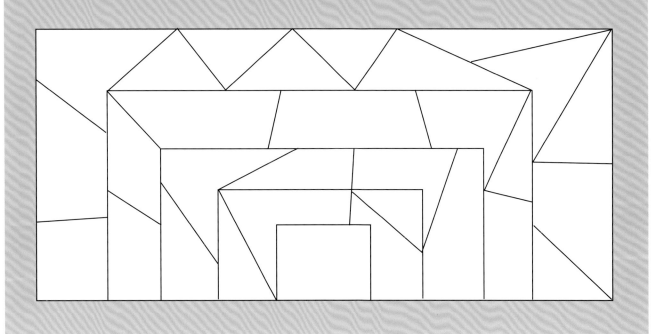

【2】斜方拼图

如图所示，这是一个由24个大小完全相等的三角形拼接而成的凹面五边形，现在需要你用4种颜色进行涂色，相邻的三角形不能涂同一种颜色，你能做到吗？

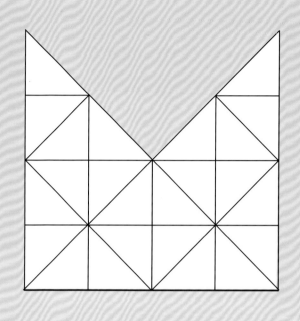

错 觉

错觉是人们观察物体时，由于物体受到形、光、色的干扰，或是观察者受到惯性思维等心理因素的干扰，从而产生的与事实不符的视觉误差。

【3】眼见为虚

只通过观察的方式，你知道图一和图二中哪个蓝色圆的面积更大吗？

图一

图二

面积大小

【4】一样大小的土地

有两个农场主在一起闲聊，农场主 A 说："我有一块边长为100米的正方形耕地。"农场主 B 说："好巧，我的耕地面积刚好是10 000平方米。"农场主 A 说："那咱们的土地是一样的啊。"请问农场主 A 说得正确吗？

【5】两块土地

有两个农场主在一起闲聊，农场主 A 说他的土地长98 765厘米，宽97 865厘米，农场主 B 说他的土地长98 764厘米，宽97 866厘米，两人都认为自己的土地面积更大，谁也没办法说服对方。你知道这两块土地哪一块面积更大吗？

【6】火柴问题 1

有6根一模一样的火柴，请你用它们摆出面积最大的图形，这个图形是什么呢？

【7】火柴问题 2

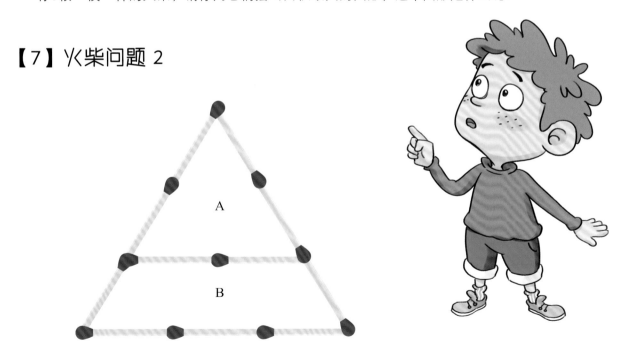

如图所示，每一根火柴长度相等，围出了 A、B 两个区域，请问 A 区域和 B 区域哪一个面积更大？

找到最适合的路线

【8】设计不相交的路线

有三位老人住在同一处农场，他们每天都要在相同的时间各自出门散步，因为性格孤僻，三位老人都不愿意在路上遇到彼此。以下是农场的平面示意图，每个老人散步的起点和终点用相同的图形示意在图上，你能帮助他们分别设计好各自的路线，使路线之间不存在相交状态吗？

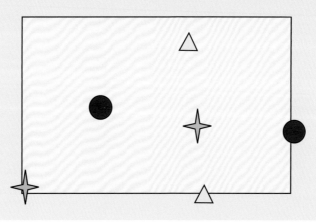

【9】画出不相交的线路

用3条不相交的线将同样颜色的两个三角形相连，每个三角形的一侧最多只能绕过一次，快来试试看吧！

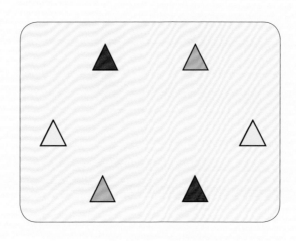

移动谜题

【10】移动足球

有6个一模一样的足球，按照图一的方式摆放，现在要求你只移动两个足球，使图一变化为图二，你能做到吗？

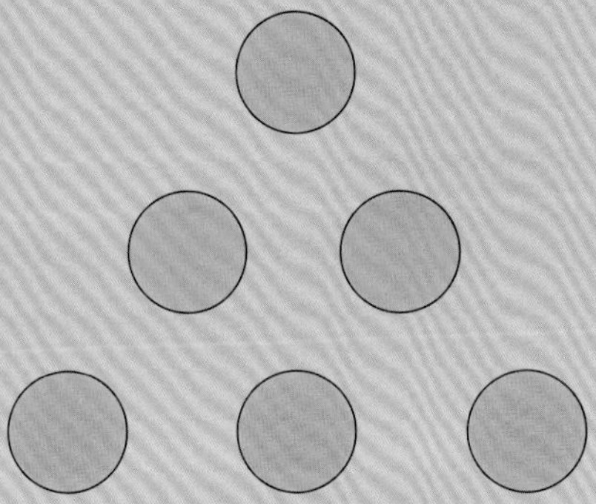

图一 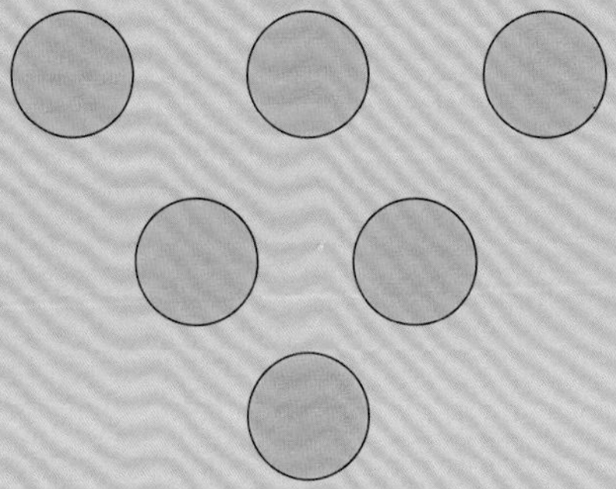   图二

【11】移动火柴

手工课上，亮亮用火柴摆出了如下算式，明明发现，算式左、右两边不相等，等式并不成立，但是明明只移动一根火柴，就使等式成立了。你知道他是怎么做到的吗？

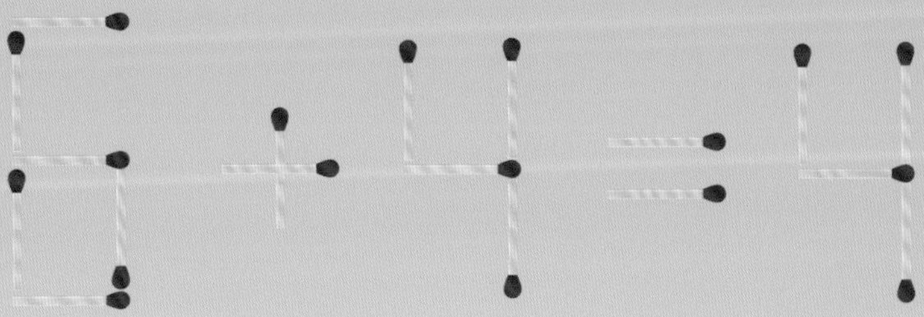

分割问题

【12】切蛋糕

明明过生日，妈妈为明明举办了一个盛大的生日派对，邀请了全班24位同学一起来参加，爸爸为小朋友们买来了3个一模一样的大蛋糕，如何用餐刀将这3个大蛋糕平均分成24份，让每个小朋友都能分到一样大小的一块，这让明明爸爸犯了难。你能帮帮他吗？

【13】纸片叠放

手工课上，明明将3个相同的正方形纸片交错叠放在一起（见下图）组合成新的图形，其中顶点 A 和顶点 B 分别位于正方形的中心，组合后图形的周长为64厘米，组合后图形的面积是多少平方厘米？

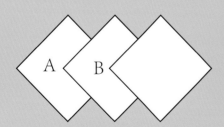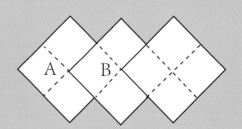

走出迷宫

在古代，迷宫是一种充满复杂通道的建筑物，人们一旦进入便很难找到通往入口和出口的正确路线。有文字记录的世界上建造的最早的迷宫建筑之一是公元前1600年左右建造的古埃及迷宫。只可惜历史年代悠久，如今已不复存在。

如今，迷宫谜题是一种跨越年龄的益智游戏，人们为了增加游戏的趣味性，迷宫的形式也有了各种各样的演变，洞窟、人工建筑物、怪物巢穴、密林或山路等迷宫背景，给迷宫爱好者们制造了一个又一个挑战。

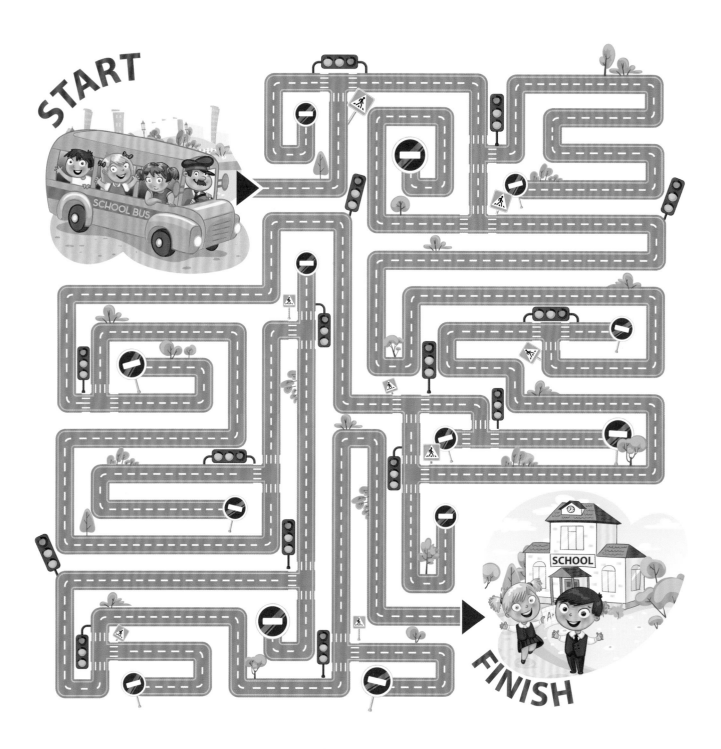

计算和

测量

计 算

人类在远古时期就开始运用各种方式来数数了。考古学家在非洲乌干达与扎伊尔交界处发现的约公元前8500年使用的"伊尚戈骨"及其上的表数刻痕、公元前1001年一公元前4000年的美索不达米亚乌鲁克城的黏土筹码系统、中国古代的算筹，以及在全世界都曾被广泛使用的算盘，直至今日我们还在应用的计算器和计算机，都是为了数数和计算而发明和应用的工具。

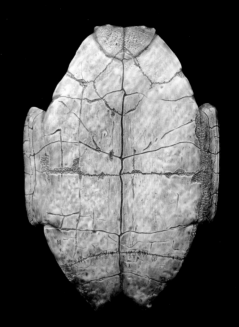

十进制计数

我们日常生活中常用的十进制计数是基于以10为基础的数字系统发展而来的，由0、1、2、3、4、5、6、7、8、9十个基本数字组成。

在中国，从考古发现的商代陶文和甲骨文中，我们已经发现了当时通过"一、二、三、四、五、六、七、八、九、十、百、千、万"这十三个数字进行计数的文字记录。

在其他地区，十进制计数经历了从古巴比伦的"六十进制"到古印度的"十进制"的演变，后来经由阿拉伯人传播至欧洲。

计算机的二进制

不同于我们日常生活中使用的十进制计数，计算机系统中所应用的是二进制。二进制是由0和1两个数码来表示数的。二进制计数的基数为2，进位规则是"逢二进一"，借位规则是"借一当二"。

数一数图形

【14】找出全部的三角形

下图是小明用纸牌搭出来的"金字塔"的侧面示意图，请你帮他数一数，图中共能找出多少个三角形？

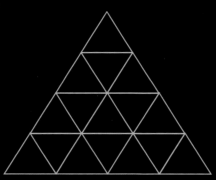

【15】找出全部的矩形

小明将8张纸牌分成两行按同一方向首尾相连，请你帮他数一数，图中共能找出多少个矩形？

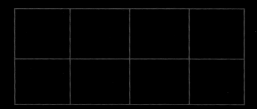

【16】纸牌分组

在一副纸牌中，除大王、小王外，同一数字的纸牌分别有4种花色，小明抽出了4个花色的数字6，想要将它的每两种花色分成一组，你知道共有多少种分组方式吗？

【17】数轴上的点

如图所示，数轴上有 A、B、C、D 四个点，其中到原点距离相等的两个点是_____。

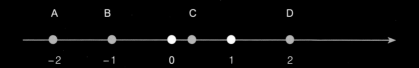

测　量

从地球的年龄到孩子的身高，我们的生活大到浩瀚宇宙，小到生活日常都离不开测量，测量能够让我们直接客观地认识事物，判断不同单位事物的差别。当我们学会了测量方法，就能轻而易举地买到适合自己的鞋子，算出古树的周长等。

巧用阴影

你有没有好奇过小区门口的那棵树究竟有多高？你有没有想过测量学校里国旗杆的高度？或许受困于没有适合的测量工具，又或许是测量工程浩大一个人难以完成，你不得不放弃。现在有一个简单的方法可以帮助你，只要选择一个阳光明媚的日子，利用你的影子就能够完成测量啦！

1. 背对太阳，站在被测物体的旁边。

2. 测量此刻自己影子的长度和被测物体影子的长度。

3. 如果此时你的身高刚好和自己影子的长度相等时，说明此刻阳光和你、阳光和被照射物体刚好成45度夹角。那么被测物体影子的长度也会和被测物体的高度相等，想知道它的高度，只需要测量它在地面上的影长。

4. 当此时你的身高和自己影子的长度不一样时，你可以算出你的影长和身高的比例，被测物体的影长和高度也应当符合这个比例。

是不是很有趣，快去试试看吧！

【18】测量金字塔

埃及法老想要知道工匠建造的金字塔有没有达到他要求的100米的高度，正苦于高度难以测量之时，一位数学家主动要求前去测量。在炎热的午后，数学家命人将提前制作完成的10米高的木棍立在金字塔旁边，阳光下木棍的阴影长度为5米。你能算出金字塔的阴影长度为多少的时候，才能证明工匠没有偷工减料吗？

【19】一对好朋友

小李和小王是一对好朋友，两人都热衷于发现生活中的数学问题。一天，小李对小王说："我发现7年后我们的年龄相加之和等于63。"小王听了以后说："我也发现当你的年龄是我现在的年龄时，你的年龄是我那时年龄的2倍。"那么，你能算出小李和小王现在的年龄分别是多少吗？

【20】相遇的火车

有两列火车分别从北京开往上海和从上海开往北京，其中一列是快车，另一列是慢车，它们在各自的始发站同时出发，途中相遇后分别经过1个小时和4个小时到达终点站。那么，速度快的火车要比速度慢的火车快多少呢？

【21】鸡蛋的价格

小明的妈妈去超市买鸡蛋，挑选完鸡蛋后付款12元给老板，因为是熟客，老板又送给她两个鸡蛋，这样每打鸡蛋（一打鸡蛋是12个）的价格就比当初的要价降低了一元。你知道小明的妈妈到底买了多少个鸡蛋吗？

【22】有 15 个孩子的俱乐部

俱乐部里有15个孩子，每两个孩子的年龄都相差1.5岁，米米是最大的孩子，文文是最小的孩子，米米的年龄要比文文的年龄大7倍。那么，你能算出米米的年龄是多少吗？

【23】水库和水藻

工作人员在一天中午12:00的时候，发现水库中误入了一株外来品种的水藻，这种水藻在这个水库中没有天敌，可以肆意繁殖，每过一小时水藻的数量就会翻倍，100株水藻就可以布满整个水库。请问若不加清理，几点的时候水库会被水藻布满？

【24】明明买雪糕

　　夏天来了，每天都炎热难耐，小伙伴们都无精打采。明明准备帮小伙伴们买一些雪糕，于是来到便利店，拿出100元对店员说："请给我拿一些2元的雪糕和10倍数量1元的雪糕，剩下的钱全部买5元的雪糕。"如果你是店员，知道该给他各拿多少雪糕吗？

【25】鸡蛋、鸭蛋和鹅蛋

　　明明的妈妈去超市购物，看到鹅蛋五元一个，鸭蛋一元一个，鸡蛋一元两个，于是她花了100元正好买了100个蛋，其中两种蛋的数量是一样的。那么，你能计算出明明的妈妈各买了多少个蛋吗？

【26】受伤的足球外援

　　小明所在的青少年足球训练营聘请了多名外援，教练对大家说："最近的几场比赛中，我们的外援中有4个人左腿受伤，5个人右腿受伤，2个人右腿完好，3个人左腿完好。"通过教练的表述，你知道这个训练营最少有多少名外援吗？

【27】牛奶推销员

一个牛奶推销员挑着两桶鲜牛奶沿街叫卖，每桶牛奶重10斤。明明妈妈和小美妈妈出来买鲜牛奶，她们分别拿了一个4斤的容器和一个5斤的容器，每个人都想要2斤牛奶，推销员没有其他测量工具，只能借助桶和容器把牛奶倒进倒出。那么，你知道他该如何操作才能倒出明明妈妈和小美妈妈想要的鲜牛奶吗？

【28】鸡兔同笼

小明的奶奶在乡下养了一些鸡和一些兔子，听说小明的数学成绩很好，奶奶便给小明出了一道数学题。题目是这样的：奶奶家养的鸡和兔子一共有88个头，244只脚，那么鸡和兔子各有多少只？小明想了一下，马上就算出来了，你知道他是怎么算的吗？

【29】阴影测高度

每周一学校都要进行升旗仪式，小明看着缓缓升起的旗子被慢慢升到天空中飘扬，这激起了小明的好奇心，小明想知道学校里旗杆的高度。

已知小明身高1.5米，你能帮小明运用阴影测高度的方法"测量出旗杆的高度吗？"

【31】家具大促销

一位家具销售员在一次卖场促销活动中以每件1 200元的价格销售了一个衣柜和一个衣架，其中衣架获利25%，衣柜则亏损20%。请问这位销售员销售这两件家具最终是盈利了还是亏损了？

【30】青蛙与井

一口9米深的井，井下有一只青蛙，青蛙白天向上跳1.1米，晚上下滑0.6米。请你来算一下这只青蛙要连续跳多少天才能跳到井口？

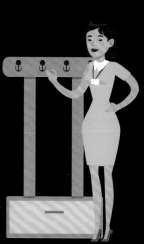

【32】轮船往返

每天中午12点，会有一艘轮船从 A 港口驶向 B 港口，与此同时也会有一艘轮船从 B 港口驶向 A 港口。已知这一航线往返全程需要7天7夜，请问在一次往返航程中该航线的轮船会相遇多少次？

【33】菜市场问题

小明陪爸爸去菜市场买菜，爸爸买了7棵白菜，这7棵白菜的重量均是整数（重量单位为千克），且碰巧还是7个连续奇数，7棵白菜的平均重量是7千克。爸爸问小明，你能否通过计算得知重量最轻的那棵白菜是多少千克？

【34】同学会

小明的爸爸已经从学校毕业很多年了，从毕业那年开始同学们就约定每十年进行一次聚会来分享各自的现状。今年就是约定中要聚会的一年，在这次聚会中，共有17位同学到场，他们每个人都要与其他人握手，但有4位同学彼此没有握手。请问这场同学会上一共进行了多少次握手？

【35】翻转杯子

如图所示，有6个杯子，其中3个杯口向上，3个杯口向下，现在要求你每次同时翻转任意两个杯子，请问你能否让所有的杯子统一杯口向上或者统一杯口向下？

【36】测量体温

这个月天气变换频繁，学校里的很多小朋友都生病了，小明病得很严重。妈妈送小明去医院看病，医生给他每隔6小时量一次体温。中午12:00的时候，医生帮小明量了第一次体温，那么第15次量体温应该在几时？

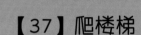

【37】爬楼梯

小明邀请小亮放学后去他家玩，小明家住5楼，小亮每爬一层楼梯需要耗时1分钟，假设速度不变，那么小亮从1楼爬上5楼需要多长时间？

【38】锯木头

木材厂的工人每天要锯数量很多的同样尺寸的木头，一根木头锯成2段需要2分钟，那么把这根木头锯成4段需要几分钟？

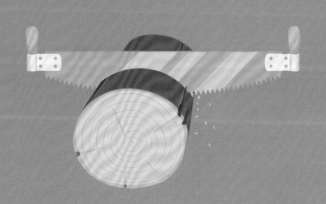

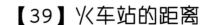

【39】火车站的距离

　　甲、乙两列火车的速度比是5：4，乙车先发，从B站开往A站，当行驶离B站72千米的地方时，甲车从A站发车开往B站，两列火车相遇的地方离A、B两站距离的比是3：4，那么A、B两站之间的距离为多少千米？

【40】路程问题

　　小明、小亮、小红3个人出门旅行，小明从A城出发去B城，速度为每分钟60米，小亮也是从A城出发去B城，速度为每分钟67.5米，小红则是从B城出发去A城，速度为每分钟75米，3个人出发时间相同，小红先在路上遇见了小亮，2分钟后又在路上遇见了小明。你知道A、B两城之间的距离是多少吗？

【41】螃蟹、蜜蜂和蝉

　　一只螃蟹有8条腿，一只蜜蜂有6条腿和2对翅膀，一只蝉有6条腿和1对翅膀，现在这三种动物的数量为18只，共有118条腿和20对翅膀。请你来算一下，螃蟹、蜜蜂和蝉各有多少只？

逻辑与

推理

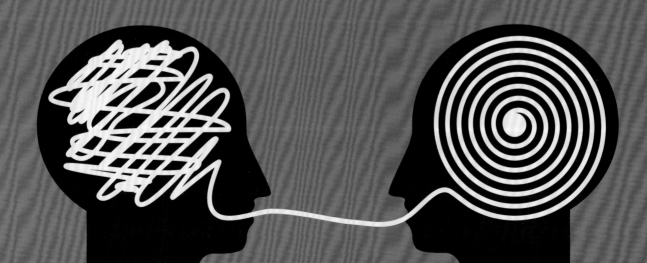

逻辑谜题

数理逻辑又称符号逻辑、理论逻辑，它既是数学的一个分支，也是逻辑学的一个分支。数理逻辑是数学基础的一个不可缺少的组成部分，解决这类谜题时必须要谨慎小心，注意细节，否则稍有不慎就会和正确答案擦肩而过！

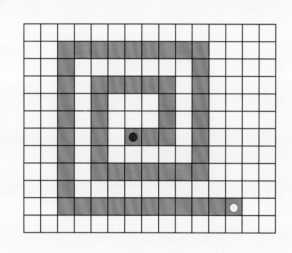

【42】蚂蚁的行走路线

一只蚂蚁从红色圆点处出发，依照某种逻辑规划出自己的行走路线，最终到达黄色圆点处，观察蚂蚁的行走路线，找出蚂蚁的规划逻辑。

【43】火车过桥

假期旅行，小明和爸爸乘坐火车出去玩，这列火车长100米，每秒钟行驶20米。火车即将通过一座长800米的大桥时，爸爸问小明全车通过大桥，需要多少时间，小明很快就算出来了，那么你知道需要多长时间吗？

【44】真正的身份

A、B、C三个人玩逻辑游戏，约定其中一个人是平民、一个人是狼人、一个人是猎人，平民只能说真话，狼人只能说假话，猎人可以说真话也可以说假话。

A说："C是平民。"

B说："A是猎人。"

C说："B是狼人。"

请问三个人各自真正的身份是什么？

【45】犯罪嫌疑人

一家银行被盗，警方确定了A、B、C、D四个犯罪嫌疑人，罪犯就在他们其中。审讯中，A说："我不是罪犯。"B说："D是罪犯。"C说："B是罪犯。"D说："我不是罪犯。"

经过调查确认，四个人中只有一个人说的是真话，请你找出这件失窃案真正的罪犯。

【46】书店的故事

放暑假了，小鸣、小达、轩轩、一凡四个人相约一起去书店买教辅图书，每人买了4本图书，巧合的是每两个人之中都有两本图书是一致的，你知道他们四个人共买了几种图书吗？

【47】读书计划

暑假来临，老师布置了读书作业，一本100页的书，轩轩计划每天读10页，10天读完。小明计划每天读15页，每读两天就休息一天。请问当轩轩读完这本书的那天，小明还有多少页没有读？

【48】安全知识答题竞赛

明明、小美、轩轩、小亮四个人参加社区的安全知识答题竞赛，最终取得了前四名的好成绩，其中小亮比轩轩成绩好，明明和小美的成绩之和与轩轩和小亮的成绩之和相等，小美和轩轩的成绩之和比明明和小美的成绩之和多。你知道他们四个人的成绩排名顺序是怎样的吗？

【49】课堂测验

课堂测验，老师出了5道判断正误题，回答正确得2分，回答错误得0分，弃权不回答则得1分。下表为小明、小美、轩轩三个人的回答和得分情况，请你在表格中填写出轩轩的得分。

姓名	第一题	第二题	第三题	第四题	第五题	得分
小明	弃权	正	误	正	误	7
小美	误	正	误	弃权	误	9
轩轩	正	正	误	误	误	

【50】商场盘点

商场进行库存盘点，统计衣服、裤子、鞋子和帽子的数量，A、B、C三个营业员各自独立盘点，并将自己盘点的结果记录在商场的统计簿上（见下表），尽管如此，三个人还是分别数错了两种商品的数量，已知第一个人数错了衣服和裤子，第二个人数错了裤子和鞋子，第三个人数错了鞋子和帽子。请问此次库存盘点一共有多少件商品？

人员	衣服（单位：件）	裤子（单位：条）	鞋子（单位：双）	帽子（单位：顶）
营业员A	2	5	7	9
营业员B	2	4	9	8
营业员C	4	2	8	9

【51】商业街上的店铺

秀水街是城市中心最大的商业街，A、B、C、D、E、F6位店主的店铺位于同一条秀水街的两侧，下图中已知A的店铺的位置，其他5家店铺的位置关系可以表述如下：

1. 书店在A的店铺的右边。

2. 花店在书店的对面。

3. 面包店和花店是邻居。

4. E的店铺和D的店铺是对门。

5. 酒店和E的店铺是邻居。

6. 花店和D的店铺在同一侧。

根据这些信息，你知道A店主开的店铺是什么吗？

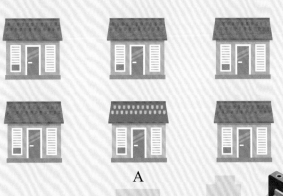

A

【52】夏季水果

夏天来啦，各种各样的水果上市，明明和妈妈去水果店为家里添置水果。明明发现哈密瓜和西瓜每公斤的价格都是整数元，两斤西瓜比一斤哈密瓜贵，两斤哈密瓜比三斤西瓜贵，小明想买一斤西瓜和一斤哈密瓜，店员告诉他这样搭配价格低于十元。你知道小明具体要花多少钱吗？

【54】期末考试

小明、小美、轩轩三个人在期末考试中发挥出色，班主任老师说他们三个人包揽了语文、数学、英语这三个科目的前三名，并且每人都各自拥有一个第一名、第二名、第三名的名次。小明数学是第一名、小美语文是第二名，根据已知的这些信息，请你说出三个人每一科的考试名次。

【53】篮球赛

运动会上，小明所在的篮球队入围了篮球比赛决赛，要和其他三支球队一同竞争。决赛规则是胜1场积3分，平1场积1分，输一场不积分，每支球队都要和其他球队打4场，最终四支球队的总积分分别是：22分、19分、14分、12分。请你算出总决赛中出现了几场平局？

【55】石头剪刀布

明明和轩轩玩"石头剪刀布"的游戏，两个人约定，游戏初始基础分为20分，每轮游戏以分出胜负为结束，每轮游戏赢了积3分，输了扣2分，10轮游戏过后，明明积40分。你知道明明赢了几轮吗？

【56】宠物店里的宠物们

宠物店有两排各6个笼子分别关着4只宠物猫、4只宠物狗和4只宠物猪，如果把宠物猫和宠物猪放在同一排，宠物猫就会叫个不停；如果宠物猪两侧都是宠物猫，宠物猪就会叫个不停；如果宠物狗两侧是宠物猫和宠物猪，宠物狗就会叫个不停。除此之外的其他情况动物们就不叫。

新来的店员手忙脚乱地安置宠物，结果编号3、4、6、7、8、9这几个笼子里的宠物叫声此起彼伏，而编号1、2、5、10、11、12这几个笼子里的宠物表现得非常安静。现在需要给4只宠物狗注射疫苗，你知道4只宠物狗分别在哪几个编号的笼子里吗？

1	2	3	4	5	6
7	8	9	10	11	12

【57】倒可乐

元旦联欢会的时候，明明和轩轩负责给同学们倒碳酸饮料喝，明明倒得慢，一瓶可乐可以倒满4杯，而轩轩性子急，倒出的可乐总是涌出半杯泡沫。老师对轩轩说假设可乐涌出泡沫体积会膨胀为原来的3倍，那么你知道按照轩轩的倒法，一瓶可乐可以倒出多少杯？

【58】圣诞节卡片

圣诞节同学们互赠贺卡，明明准备了红、黄、蓝、绿、紫五张颜色不一的贺卡，分别用同样的信封包装，明明把它们排成一排，让小美、轩轩、畅畅、小亮、一鸣五个人猜每个信封内所装的卡片颜色。

小美：第二封是紫色贺卡，第三封是蓝色贺卡。

轩轩：第二封是黄色贺卡，第四封是红色贺卡。

畅畅：第一封是红色贺卡，第五封是绿色贺卡。

小亮：第三封是黄色贺卡，第四封是绿色贺卡。

一鸣：第二封是蓝色贺卡，第五封是紫色贺卡。

每人都猜中了一种颜色，且每人猜中的各不相同，你知道每个信封里都是什么颜色的贺卡吗？

【59】小亮的闹钟

小亮的闹钟，每小时比标准时间慢1分钟。期末考试的前一天晚上9点整，小亮对准了闹钟，并将闹铃时间设定为第二天早上6点50分。那么，你知道小亮的这个闹钟将在标准时间的什么时刻响铃吗？

【60】操场跑步

小明和轩轩在长度为110米的环形跑道上，从同一出发点A按照相反的方向跑步，小明的速度是每秒5米，轩轩的速度是每秒6米，两人再次在A点相遇时跑步停止。现在请你算一下，小明和轩轩从开始跑步到结束跑步这一过程中一共相遇了几次？

工程问题

【61】水渠工程

城市基础设施升级，要开挖一条水渠。甲、乙两个施工队共同承揽这一工程，整条水渠若由甲施工队单独挖需要16天完成，若由乙施工队单独挖需要24天完成。在两个施工队同时挖了几天之后，乙施工队被调去负责其他工程，这一条水渠剩下的工作要求甲施工队独自在6天内完成。请问在这个水渠工程中乙施工队一共挖了多少天？

【62】紧急工作

公司安排了一项紧急工作，有 A、B 两个工作组可以完成。当 A 工作组单独做时，12天可以完成。已知 A 工作组6天的工作量，B 工作组需要8天才能完成。现在，这项紧急工作由两组合作4天后，需要 B 工作组单独做，请问 B 工作组还需做多少天才能完成这项工作？

【63】合作的力量

学校安排了假期社会实践，需要同学们组成学习小组合作完成。明明、小美、轩轩三个人合作6小时可以完成，如果明明工作6小时，小美、轩轩合作2小时，可以完成这项工作的2/3。如果明明、小美合作3小时，轩轩单独做6小时，也可以完成这项工作的2/3。这项工作如果由明明、轩轩合作，需要几小时完成？

水池问题

【64】学校体育馆的游泳池

学校体育馆新修了一个游泳池，这个游泳池有 A、B、C 三个注水口，A、B 两个注水口同时注水，5 小时可以将游泳池灌满，B、C 两个注水口同时注水，4 小时以可将游泳池灌满。先开 B 注水口 6 小时后，还需 A、C 两个注水口同时开 2 小时才能将游泳池灌满。请问，B 注水口单独开几小时可以将游泳池灌满？

【65】城市体育馆的游泳池

城市体育馆的游泳池有红、蓝两个注水管，同时打开两个注水管，5 小时可以灌满游泳池；若红色注水管打开 8 小时后关闭，再打开蓝色注水管，则 3 小时后也可以灌满游泳池。那么若红色注水管打开 2 小时后关闭，你能算出蓝色注水管需要再工作几小时才可以灌满游泳池吗？

【66】故障游泳池

有红、黄、蓝三根水管连接游泳池，红水管单独开 5 小时水能注满泳池，红水管与黄水管一起打开 2 小时能注满游泳池；红水管与蓝水管一起打开 3 小时水能注满游泳池。现在把红、黄、蓝三根水管一起打开，一段时间后，红水管发生堵塞故障没有办法继续注水，只剩黄、蓝两根水管继续注水，2 小时后游泳池被注满。你能算出红、黄、蓝三根水管一起注了多长时间的水吗？

【67】电影院主题活动日

电影院正在举办中国国漫主题日活动，主题活动日期间集中放映《大鱼海棠》《大圣归来》《白蛇：缘起》《哪吒之魔童降世》四部优秀国漫电影，电影票价分别为50元、55元、60元、65元，参加活动的观众至少看一场电影，最多看两场电影，其中《大圣归来》和《白蛇：缘起》因为放映时间冲突，只能选择其中一部看。电影院结束运营后统计收入，发现有200人消费的金额相同。你能算出电影院主题日活动至少接待了多少名观众吗？

【68】图书角

为响应学校"培养阅读习惯"的号召，明明的班级准备建立一个"图书角"供同学们借阅图书，为此班级需要购置一批图书。请你算一算，至少要购置多少本图书，才能保证班上的43名同学有的可以同时借两本图书。

【69】一起来涂色

绘画课上，老师给同学们画了这样一个图形（见下图），要求同学们给其中的每一个小方格涂色，每个小方格可以选择全部涂满或者全部空白。明明看到同学们的作品后，惊奇地发现不论大家如何涂，每个人的作品中一定有两列是涂得一样的。快来试试看，明明的发现是真的吗？

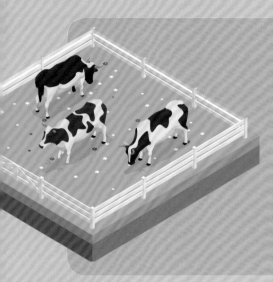

【70】"牛吃草"问题

英国著名的物理学家牛顿提出过一道著名的"牛吃草"问题：假设有一个长满青草的牧场，每天青草的生长速度一样快。这个牧场的青草如果供给10头牛吃，可以吃22天；如果供给16头牛吃，可以吃10天。这期间每天一直有草生长。那么请问，这个牧场的青草如果供给25头牛吃，可以吃多少天？

【71】割草问题

有这样一个农场，农场上长满了杂草，农场主需要雇人割草，假设每人每天割草量相同，这期间农场中的草匀速生长。如果让17人割草，30天可以将农场所有的草割完；如果让19人割草，24天可以将农场所有的草割完。如果想要将整个农场的草6天割完，需要多少人来割？

【72】自动扶梯问题

城市中心新建了观光塔，市民可以通过从塔底直达天台的自动扶梯登顶观光，明明和轩轩想要更快地上楼，搭上自动扶梯后，明明以每分钟20阶台阶的速度向上爬，轩轩以每分钟15阶台阶的速度向上爬，明明用了5分钟登顶，轩轩用了6分钟登顶。你能算出这台自动扶梯共有多少阶台阶吗？

有趣的概率

概率谜题

在学习和生活中，我们常会遇到一些涉及可能性或发生机会的事件，比如掷硬币的结果是正面朝上还是反面朝上，和朋友玩石头剪刀布的输赢，等等。在数学上我们把用来表示事件发生机会的数叫作概率。

可能性事件包括确定性事件和不确定性事件。

确定性事件又分为必然事件和不可能事件。必然事件的概率为1（100%），不可能事件的概率为0。不确定性事件的概率则在0和1之间。

随机

随机等待是可能性事件的一种表现形式，是指在相同条件下，可能出现也可能不出现的事件。统计学中一个随机事件可能出现的概率，反映这一事件发生的可能性的大小。

抽签

《圣经》中有多处关于"抽签"的描述，这说明几千年前抽签就作为一种游戏或者一种相对公平的选择方法而广泛出现在人们的生活中。直到现在，很多地方的人们依旧选择与抽签类似的"抓阄"来决定游戏中的先后顺序。

布丰投针实验

　　法国数学家布丰设计了这样一个实验：取一张纸，在上面画满间距相等的平行线（见下图），取一根长度小于平行线间距的针，随机抛掷于画满平行线的纸面之上，观察针与直线相交的次数，并记录下来，以此概率，布丰提出了一种计算圆周率的方法——随机投针法。

投针次数	针与平行线相交次数

　　布丰惊奇地发现：如果针的长度等于平行线间距的一半，那么扔出的概率为1/π。扔的次数越多，求出的π值越精确。

掷骰子游戏

掷骰子游戏是一种有着悠久历史的游戏，几千年来世界上各个文明都有关于掷骰子游戏的记录和证据。

【73】投掷一颗骰子

一颗6边形骰子，每一边分别代表数字1—6，如果你连续投掷一颗骰子5次，那么你投掷出数字1的概率是多少？（答案保留一位小数）

【74】 投掷两颗骰子

两颗6边形骰子，每一边分别代表数字1、2、3、4、5、6其中一个数字，甲、乙两人各自投掷一颗，请问甲投掷出的数字比乙大的概率为多少呢？

【75】投掷三颗骰子

三颗6边形骰子，每一边分别代表数字1、2、3、4、5、6其中一个数字，同时将三颗骰子投掷出，请问会有多少种排列结果？

【76】投掷硬币

小明发现投掷两枚硬币时，会出现"正正""正反""反反"三种可能的结果，那么每一种结果出现的概率应该是1/3，你认为得出的结论对吗？

【77】出局游戏

有41张号码牌，每一张号码牌上按顺序写上数字1—41，41个小朋友每个人选择其中一张号码牌，并按照牌面上的数字从小到大的顺序排队报数1、2、3，每次报到数字3的人出局，后面的小朋友重新进行下一轮报数，以此类推，直至游戏人数小于3时，游戏结束。请问，持几号号码牌的小朋友能玩到最后？

【78】摸球游戏

有两个装球的盒子A和盒子B，盒子A中装了3个蓝球和4个绿球，盒子B中装了5个蓝球和4个绿球，所有球除颜色以外，其他尺寸相同。现在要从两个盒子中各拿2个球，请问取出4个球都是蓝球的概率是多少？

【79】混在一起的书包

明明、亮亮和畅畅三个人相约去天文馆参观，在入口处寄存书包，工作人员看到他们是一起来的，就把他们寄存的书包单独放在相邻的三个存放格子中了。谁知换班后的新来工作人员不小心将三个人的书包混在一起，三个人参观结束后前去取书包，至少有一个人能正确拿到自己的书包的概率是多少？

【80】黑暗中找袜子

小鸣参加的军事冬令营有紧急集合的项目，要求听到哨响立刻前去操场报到。小鸣的背包里共有4只红袜子、4只蓝袜子、4只绿袜子，赶时间的小鸣在黑暗中想要找到一双任意颜色的袜子，至少需要一次拿出几只袜子？

数学与悖论

阿喀琉斯和乌龟赛跑

公元前5世纪的古希腊哲学家芝诺提出的最著名的悖论，就是"阿喀琉斯和乌龟赛跑"。

阿喀琉斯在当时被称为"希腊第一勇士"，是著名的运动健将，让他和乌龟赛跑，并允许乌龟领先一段距离起跑，我们假设为200米。当阿喀琉斯追上这200米的时候，乌龟也向前移动了一段距离，接下来阿喀琉斯必须先追上这段距离，而这个时候乌龟又向前移动了一段距离。总之，每当阿喀琉斯追到之前乌龟所在的地方的时候，同样的时间内乌龟都会再向前移动一段距离，尽管阿喀琉斯和乌龟之间的距离在不断缩小，但是阿喀琉斯永远无法超越乌龟。

这个悖论的漏洞在于，阿喀琉斯和乌龟的运动轨迹可以看成是"线段"，线段是具有有限长度的，但是线段是由无限个点构成的。

说谎者悖论

相传，克利特的著名哲学家埃庇米尼得斯说过这样一句话："所有克利特人都是骗子。"这句话被认为是一个经典悖论，即"说谎者悖论"。

为什么说这句话是悖论呢？

如果埃庇米尼得斯说的这句话为真，那么克利特人就都是骗子，作为克利特人之一的埃庇米尼得斯也是骗子，他所说的这句话应为谎言，这跟先前假设这句话为真的前提相矛盾。

如果埃庇米尼得斯说的这句话为假，那么克利特人都不是骗子，作为克利特人之一的埃庇米尼得斯就不是骗子，他所说的这句话应为真话，这跟先前假设这句话为假的前提相矛盾。

亚里士多德的轮子悖论

有这样一辆马车，马车轮的外圈和内圈是圆心相同、半径不同的同心圆，它们的角速度相同。假设车轮和地面是理想的圆和平面，我们让这两个同心圆在一个水平面上向前滚动，如下图所示，当这个外圆 A 点滚向 B 点的时候，内圆 A′ 点也滚向了 B′ 点，线段 AB 和线段 A′ B′ 的长度相等，外圆和内圆经过的路线是相同的，外圆和内圆在滚动过程中滚动的圈数也是相同的，所以可以推论出两个圆的周长应该相同。这与已知两个圆半径不同相矛盾。

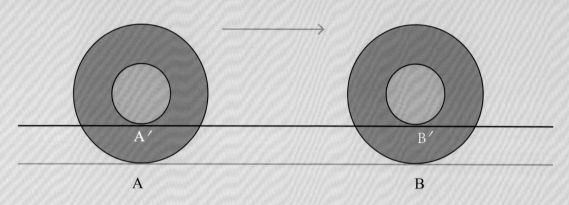

这个悖论的漏洞在于，假定内圆路径为其周长，其实如果我们将滚动速度设定为足够慢，就会发现滚动的小圆的接触面存在着空点，也就是没有接触到平面的地方。圆的周长和点数之间不存在绝对关系。

飞矢不动

这一悖论也是由芝诺在2500年前率先提出来的，之后出现了各种形式的演化。

芝诺最原始的假设是这样的：有一支正在飞行中的箭，它在飞行中的每一个时刻都处于空间中的某一个对应该时刻的确定位置，这支箭不可能在同一时刻出现在两个位置上，这是显而易见的。那么，我们可以认为，在这一时刻处在这一确定位置上的箭是静止不动的。而在运动轨迹中的每一个时刻，箭一定会停在某个特定位置上。那么，我们就不能说箭是在运动的。

堂吉诃德悖论

西班牙作家塞万提斯的著名长篇小说《堂吉诃德》中有这样一个故事：堂吉诃德的仆人桑丘·潘沙机缘巧合下成了一个小岛的国王。他在岛上颁布了一条奇怪的法律：每一个到达这个岛的人都必须回答一个问题："你到这里来做什么？"如果回答对了，就允许他在岛上自由游玩，而如果回答错了，就要立刻把他送上绞刑架。小岛的美丽风景吸引着众多游客，但这奇怪又严苛的法律让大多数游客望而却步。

直到有一天，一个聪明又大胆的游客上了岛，他照例被问了这个问题，这个游客的回答是："我到这里来是要被绞死的。"请问听到这个答案后，桑丘·潘沙是应该让这个人在岛上自由游玩，还是应该把他送上绞刑架？如果让他在岛上自由游玩，就与他说的"要被绞死"不相符合，既然他回答错了，就应该被送上绞刑架。但如果要把他送上绞刑架，这就与他说的"要被绞死"相符，回答就是对的。既然他回答对了，就不应该被送上绞刑架，而应该让他在岛上玩。桑丘·潘沙思考许久，认识到自己颁布的这条法律是错误的，宣布这条法律作废，允许游客们自由上岛游玩。

沙堆悖论

沙堆悖论是由古希腊哲学家欧布里德提出来的。这个悖论是基于这样一个假设：1粒沙子不是一个沙堆，2粒沙子也不是一个沙堆，3粒沙子也不是一个沙堆，就这样一粒一粒地添加，1万粒沙子也不是一个沙堆。

或者当有1万粒沙子堆成的一个沙堆，我们拿走1粒，这还是个沙堆，拿走2粒，依然还是个沙堆，就这样一粒一粒地取走，当取走第9 999粒沙子的时候，这还是一个沙堆吗？

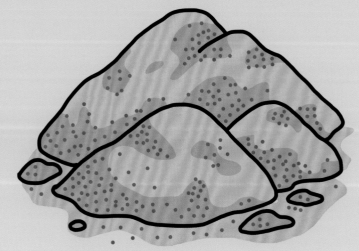

比赛中的概率

【81】奖金分配 1

在一场五局三胜的对抗性竞赛中，奖金高达8万元。有水平相当的两个运动员A、B正在比赛，前两局A获胜，正在进行的第3局未分胜负比赛便因故终止，组委会决定根据A、B两个运动员获胜的概率来分配奖金，请你算出A、B两个运动员各应分得多少奖金？

【82】奖金分配 2

王鹏和李达是两个势均力敌的运动员，在一次比赛决赛中两人相遇，赛制是五局三胜，胜者会获得丰厚的奖金。比赛进行完第三局，王鹏和李达的成绩为2∶1，正要进行第四局时，出于不可抗力的因素，比赛被迫终止。组委会有评审提议，依照王鹏和李达前三局的成绩2∶1来分配这场比赛的奖金，你认为这个提议的奖金分配方式是否合理？

【83】乒乓球比赛

小红、小亮、明明、轩轩四个人进行乒乓球比赛，每两人都要打一场，全部打完后计算比赛成绩，在没有出现平局的情况下，小红赢了2场，小亮赢了1场，那么请问明明最多赢几场？

排列和

规律

排列问题

我们的生活中充斥着各种各样的排列问题，排列的标准也各不相同。简单一点的直接按大小、按长短等一种就能区分开的标准，复杂一点的就有等差、等比一类需要经过计算才能区分的标准。在排列问题中，最重要的就是找到其中的规律，规律是学习数学过程中必须要学会的基本技能，通过找规律探究、发现图形和数字的简单排列，可以提高我们的观察能力和推理能力。

【84】第二十个图形

观察下面的图形，找到排列规律，算出第二十个图形应该是什么，画在横线上。

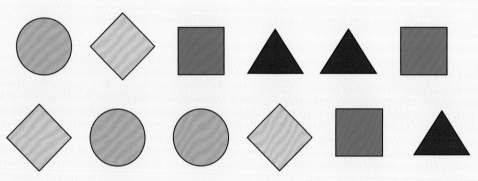

_____

【85】操场排队

畅畅的学校明天上午组织做早操，同学们要在操场上排好队，畅畅班级有36个同学排成一列，每两个女同学之间是两个男同学，排在第一位的是女同学，那么排在最后一位的是男同学还是女同学？

【86】旗子信号

小说中经常出现以旗子作为信号传递消息的方式，现在有红、橙、黄、绿四面不同颜色的旗子，每次升起一面、二面、三面和四面所表示的含义不同，且升起多面旗子时，旗子的上下顺序不同所代表的含义也不相同。请问这四面旗子可以组成多少种不同的信号？

【87】分数排列

请按从小到大的顺序排列下列分数。

1/2	1.＿＿＿＿＿
5/6	2.＿＿＿＿＿
12/13	3.＿＿＿＿＿
4/5	4.＿＿＿＿＿
3/8	5.＿＿＿＿＿

【88】小数排列

请按从小到大的顺序排列下列小数。

0.6	1.＿＿＿＿＿
0.3	2.＿＿＿＿＿
1.2	3.＿＿＿＿＿
1.8	4.＿＿＿＿＿
0.7	5.＿＿＿＿＿

【89】小数和分数排列

请按从大到小的顺序排列下列数字。

1/3	1.＿＿＿＿＿
0.8	2.＿＿＿＿＿
5/9	3.＿＿＿＿＿
1.37	4.＿＿＿＿＿
7/16	5.＿＿＿＿＿

【90】数字排列

请按从大到小的顺序排列下列数字。

7/3	1.＿＿＿＿＿
π	2.＿＿＿＿＿
8	3.＿＿＿＿＿
5.38	4.＿＿＿＿＿
7/12	5.＿＿＿＿＿

神奇的数列

　　数列是一系列可以无限延长的数字序列。我们日常生活中接触到的奇数列（1，3，5，7，9…）和偶数列（2，4，6，8，10…）都属于最简单的数列。

　　历史上最有名的数列要属"斐波那契数列"了。

　　意大利数学家列昂纳多·斐波那契以兔子繁殖为例子做了一个数学假设：

　　一般认为，兔子在出生两个月后就成长为有繁殖能力的成年兔子，一对成年兔子每个月能生出一对小兔子来。假设这期间所有兔子都不死，那么一年以后可以繁殖多少对兔子？

　　第一个月，因为小兔子没有繁殖能力，所以还是一对；

　　两个月后，已成年的兔子生下一对小兔，共有两对；

　　三个月后，老兔子又生下一对，因为第二代小兔子还没有繁殖能力，所以一共是三对；

　　以此类推可以列出下表：

经过月数	0	1	2	3	4	5	6	7	8	9	10	11	12
兔子对数	1	1	2	3	5	8	13	21	34	55	89	144	233

　　表中兔子对数的数字1,1,2,3,5,8…构成了一个数列。这个数列有个十分明显的特点：前面相邻两项之和，构成了后一项。

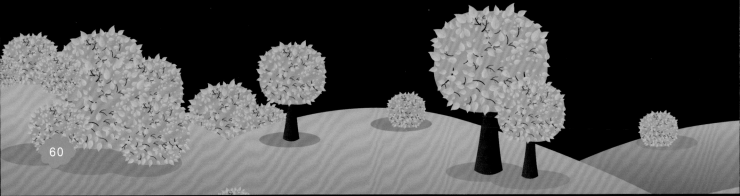

【91】分苹果

幼儿园小班有5个小朋友，老师给大家发苹果，给第一个小朋友发1个苹果，给第二个小朋友发3个苹果，给第三个小朋友发5个苹果。以此类推，给第五个小朋友发9个苹果。请问：5个小朋友拿到的苹果总数是奇数还是偶数？

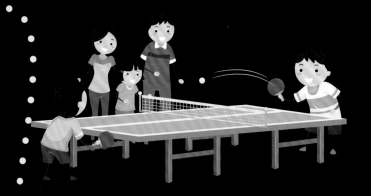

【92】乒乓球选拔赛

学校运动会进行乒乓球选拔赛，只有胜率排名靠前的选手才有资格参加总决赛。选拔赛上每个参赛选手都要和其他所有选手赛一场，一共进行了36场比赛，你知道一共有多少人参加了选拔赛吗？

【93】剧院座位

艺术剧院是市中心新修建的剧院，每天都有很多场演出。剧院共有25排座位，后一排比前一排多两个座位，已知最后一排有60个座位，你能算出艺术剧院一共有多少个座位吗？

找规律

世界充满了各种各样奇妙的规律，地球自转、公转使得太阳东升西落、春夏秋冬景色不同，这是自然规律。我们的生活中也充满着各种各样的规律，红灯停绿灯行、步行要走斑马线，这是社会规律。数学也有属于数学的规律，数字按照不同的规则排列、摆放依照的就是数学的规律。排列问题、数列问题都是数学的规律问题。

【94】缺失的图形 1

观察表格中图形的变化，按照图形的变化规律，补全空白处缺失的图形。

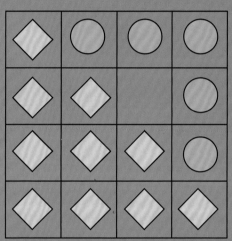

【95】缺失的图形 2

下列图形是按照一定规律排列的，找出这个规律，补全空白处缺失的图形。

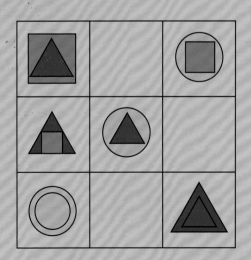

【96】毛笔字

小明从元旦这一天开始练习写毛笔字，第一天写了4个毛笔字，以后每天比前一天多写一定数量的毛笔字，结果到这个月最后一天共写了589个毛笔字。小明每天比前一天多写几个毛笔字？

【97】缺失的数字

找出下表中数字的规律，根据这个规律，填写表中空白位置缺失的数字。

1 2	9	3
1 0	5	5
1 4	8	6
1 2		2

【98】质数问题

质数是指那些只能被1和它本身除尽的正整数，例如：2、3、5、7、11…请你根据这一规律，再写出10个质数。

一起来玩数独吧

数独是一种源自18世纪瑞士的数学游戏。最初的游戏规则是玩家需要根据表格中已知数字，推理出所有剩余空格的数字，并满足每一行、每一列、每一个粗线宫内的数字均含1—9，且数字不重复。数独既能培养玩家的逻辑推理能力，又能锻炼玩家的耐心和细心。

发展到现在，数独出现了越来越多的演变形式，按照细分规则和难易程度划分发展出了成百上千的变形，越复杂的变形越考验玩家的头脑。一起来玩玩吧！

【99】数独关卡1

在空格中填入数字，使每行、每列的数字不重复且均有1、2、3、4。

		4		2
2		4		
		1		3
3			1	4

【100】数独关卡2

在空格中填入数字，使每行、每列的数字不重复且均有1、2、3、4，且红、黄、蓝、绿四色空格内数字相加为6。

	3		1
1		3	
	2		4
4		2	3

【101】数独关卡 3

在空格中填入数字，使每一行、每一列、每一粗线宫格的数字均含1—6，其中数字不可重复。

2	3	5		4	1
	1	6	3	2	
	4		5	1	
6					2
4	2	3	1	6	

	2	6			
			4	2	
		4	2		
		1	3		5
	4	3			
			1	3	

数字与卡片

【102】加减游戏

这里有从1到9的连续数字，请你在它们之间插入加号或减号，不添加符号的两个连续数字则为两位数，使最终运算结果等于100。这个游戏有多种解法，快来试试看吧！

1 2 3 4 5 6 7 8 9

1 2 3 4 5 6 7 8 9

【103】运算游戏

同样是1到9的连续数字，不添加符号的两个连续数字则为两位数，你不仅可以在它们中间插入加号、减号，还允许你使用乘号、除号以及其他数学符号，使最终运算结果等于100。你能做到吗？

1 2 3 4 5 6 7 8 9

1 2 3 4 5 6 7 8 9

【104】符号游戏

在数字间填写相应的数学符号，使等式成立。

2	2	2 = 6
3	3	3 = 6
4	4	4 = 6
5	5	5 = 6
6	6	6 = 6
7	7	7 = 6
8	8	8 = 6
9	9	9 = 6

【105】数字游戏

有这样一个三位数，其中个位的数字与十位的数字、百位的数字相加，和为17，其中十位数字比个位数字大1，而如果把百位数字与个位数字对调，会得到一个新的三位数，新的三位数比原三位数大 198，原数是多少呢？

【106】三张数字卡片

有三张数字卡片，上面的数字分别是4、7、0，请问用这三张数字卡片，可以排出多少个不同的三位数？其中最大的比最小的大多少？

【107】十张数字卡片

有10张卡片，分别写着0、1、2…9的数字，现从中取出3张并排放置，排列组成三位整数。

(1) 总共可以组成多少个整数？

(2) 组成的数中有多少个偶数？

分类与分辨

【108】分辨类别

把上下图中同一类别的用线连起来。

【109】形状和颜色

将下列图形根据形状和颜色分类整理并填写表格。

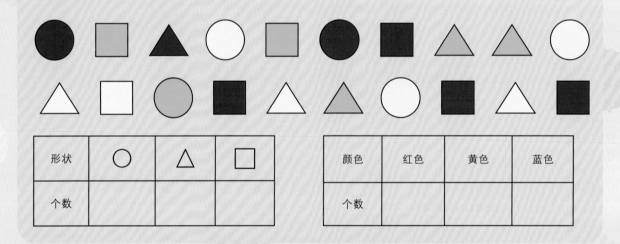

形状	◯	△	□
个数			

颜色	红色	黄色	蓝色
个数			

【110】与众不同

下列哪一组数字有其他三组数字所不具备的特点？写在横线上。

1、3、5、7

2、4、6、8

5、10、15、20

2、4、8、16   答案：

【111】心理旋转

　　通过将一个图像在头脑中旋转，使图像上的元素与实物一一对应的方法叫作心理旋转，心理旋转是人类视觉空间能力的一个重要组成部分。下面四张图是有一张图与众不同，请你用心理旋转的方法把它找出来。

A　　　　　　　　B　　　　　　　　C　　　　　　　　D

【112】动手画图案

　　下面是同一个正方体的三个不同面的组合图，据此请你画出 A 图案的背面图案。

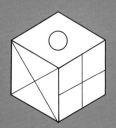 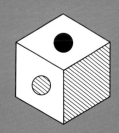 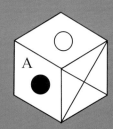

【113】图形接龙

　　观察下列图形，找出图形变化的规律，画出接下来会出现的图形。

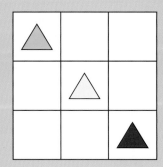 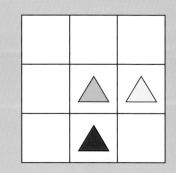 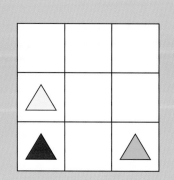

答 案

神奇的数学

【1】破解密码

A=2 B=1 C=9 D=7 E=8

形状和空间

【2】斜方拼图

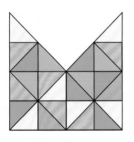

【3】眼见为虚

图一和图二中两个蓝色圆的面积一样大。

【4】一样大小的土地

不正确。边长为100米的正方形耕地面积是10 000平方米，但面积是10 000平方米的耕地形状却不一定是正方形。

【5】两块土地

农场主B的土地面积更大。

【6】火柴问题1

正六边形。

【7】火柴问题2

B区域面积更大。

【8】设计不相交的路线

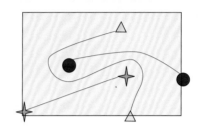

【9】画出不相交的线路

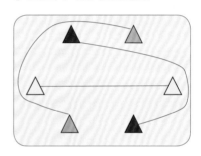

【10】移动足球

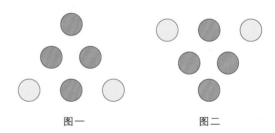

图一　　　　　　图二

移动图一中两个黄色的足球至图二位置即可。

【11】移动火柴

将加号上的数字火柴移到数字6的右上，使"+"变为"−"，"6"变为"8"，等式变为8−4=4，等式成立。（答案不唯一）

【12】切蛋糕

将每个蛋糕按照"米"字形切分。

【13】纸片叠放

160平方厘米。

计算和测量

【14】找出全部的三角形

16+3+2+2+3+1=27（个）。

【15】找出全部的矩形

矩形的总数＝长边线段的总数×短边线段的总数：（4＋3＋2＋1）×（2＋1）＝30（个）。

【16】纸牌分组

6种。

【17】数轴上的点

A 和 D。

【18】测量金字塔

当金字塔的阴影长度为50米时，就表明工匠没有偷工减料。

【19】一对好朋友

小李现在29.4岁，小王现在19.6岁。

【20】相遇的火车

假设两列火车的速度分别为 v、v′，经过 t 时间后两车相遇，则可知4v′＝tv，v＝tv′，得出 $\dfrac{v}{v'}$ ＝2，速度快的火车是速度慢的火车的2倍。

【21】鸡蛋的价格

买了16个鸡蛋。

【22】有15个孩子的俱乐部

米米的年龄是24岁，文文的年龄是3岁。

【23】水库和水藻

19:00。

【24】明明买雪糕

店员需要拿5根2元的雪糕、50根1元的雪糕和8根5元的雪糕。

【25】鸡蛋、鸭蛋和鹅蛋

10个鹅蛋、10个鸭蛋和80个鸡蛋。

【26】受伤的足球外援

最少有7名外援。

【27】牛奶推销员

用 A 桶和 B 桶代表两个装有10斤牛奶的牛奶桶，C 桶代表4斤的容器，D 桶代表5斤的容器，然后按照以下顺序倒取牛奶：

1. A—D，A 少了5斤牛奶。
2. D—C，D 只剩下1斤牛奶。
3. C—A，A 有9斤牛奶。
4. D—C，C 有1斤牛奶。
5. A—D，A 还剩4斤牛奶。
6. D—C，C 有4斤牛奶，D 有2斤牛奶。
7. C—A，A 有8斤牛奶。
8. B—C，B 有6斤牛奶。
9. C—A，A 有10斤牛奶，C 还有2斤牛奶，D 有2斤牛奶，B 少了4斤牛奶。

【28】鸡兔同笼

鸡有54只，兔有34只。

【29】阴影测高度

测量自己的身高、站在旗杆的旁边时自己

的影长和旗杆的影长。

自己的身高/自己的影长 = 旗杆的高度/旗杆的影长。

【30】青蛙与井

第17天才能跳到井口。

【31】家具大促销

亏损了，衣架成本为960元，1 200元售出，盈利240元；衣柜成本1 500元，1 200元售出，亏损300元。总共亏损了60元。

【32】轮船往返

15次。

【33】菜市场问题

7棵白菜的重量分别为1千克、3千克、5千克、7千克、9千克、11千克、13千克，重量最轻的那棵为1千克。

【34】同学会

130次。

解析：假设17人每人都与另外一个人握手，则总共的握手次数为17×（17−1）÷2=136次，但是其中有4人彼此没有握手，则需要减去假设中的这4人握手的次数4×（4−1）÷2=6，因此答案应为136−6=130（次）。

【35】翻转杯子

玻璃杯杯口向上和杯口向下的数量均为3，是奇数，所以无法通过偶数性的移动，使奇偶性变为偶。

【36】测量体温

24:00。

解析：一天共有24个小时，每隔6小时量一次体温，一天共量4次体温。15÷4=3……3，已知第一次量体温是在中午十二点，那么第15次量体温应该在24:00。

【37】爬楼梯

4分钟。

【38】锯木头

锯成2段，需要锯1次，用时2分钟；锯成4段，需要锯3次，用时6分钟。

【39】火车站的距离

利用分数来解答：甲车行驶全程的3/7，乙车就要行驶全程的3/7×4/5=12/35，72千米对应的分率是4/7−12/35=8/35，所以全程是72÷8/35=315千米。

【40】路程问题

小明和小红相遇的2分钟两人的路程（60+75）×2=270（米）；小亮和小红相遇用时270÷（67.5−60）=36（分钟）。距离=36×（60+75）=4 860（米）。

【41】螃蟹、蜜蜂和蝉

螃蟹有5只、蜜蜂有7只、蝉有6只。

逻辑与推理

【42】蚂蚁的行走路线

向前走3步，向左转，继续走4步，向左转，走5步，向左转，走6步，向左转，走7步，向左转，走8步，向左转，走9步，向左转，走10步，向左转，走11步，即到达终点。

【43】火车过桥

（800+100）÷20=45(秒)，全车通过长800米的大桥，需要45秒。

【44】真正的身份

A是猎人，B是平民，C是狼人。

【45】犯罪嫌疑人

A是罪犯。

【46】书店的故事

7种。

解析：用A、B、C、D、E、F、G分别指代一种图书，4个小朋友每人买了4本图书且每两人之间有2本图书一致，则情况如下表所示。

小鸣	A	B	C	D
小达	A	B	E	F
轩轩	B	C	E	G
一凡	A	D	E	G

【47】读书计划

当轩轩读完这本书的那天，小明也在这天读完了这本书。

【48】安全知识答题竞赛

四个人的成绩排名依次是：小美、小亮、轩轩、明明。

【49】课堂测验

小明和小美各有1题弃权，小明得分为7分，可知小明答对了3道题、答错了1道题、弃权1道题；小美得分为9分，可知小美答对了4道题、弃权1道题。综合表格内容可知，第一题正确答案应该是"误"，第四题正确答案应该是"误"。五道题最终的正确答案应该是"误、正、误、误、误"，轩轩答对了4道题，答错了1道题，得分应该为8分。

【50】商场盘点

衣服 （单位：件）	裤子 （单位：条）	鞋子 （单位：双）	帽子 （单位：顶）
2	4	8	9

【51】商业街上的店铺

酒店。

【52】夏季水果

8元。

解析：只有当西瓜每斤3元，哈密瓜每斤5元时，才能满足题目条件。

【53】篮球赛

5场。

解析：由题目可知，每支分别与其他球队打四场，则总场次为12+8+4=24场，总积分为22+19+14+12=67分，设平局场次数为x，非平局场次数为24-x，则3×(24-x)+2x=67，x=5。

【54】期末考试

小明：
语文第三名、数学第一名、英语第二名。
小美：
语文第二名、数学第三名、英语第一名。
轩轩：
语文第一名、数学第二名、英语第三名。

【55】石头剪刀布

8轮。

设10轮游戏中明明赢了x场，输了10-x场，则3x-2(10-x)=20，x=8。

【56】宠物店里的宠物们

4只宠物狗所在的笼子的编号为：3、5、9、11。

解析：题目中的宠物店的12只宠物被安置如下表所示。

1 猪	2 猪	3 狗	4 猫	5 狗	6 猫
7 猫	8 猫	9 狗	10 猪	11 狗	12 猪

【57】倒可乐

6杯。

【58】圣诞节卡片

	红	黄	蓝	绿	紫
小美			3对		2错
轩轩	4错	2对			
畅畅	1对				5错
小亮		3错		4对	
一鸣			2错		5对

第一封是红色贺卡、第二封是黄色贺卡、第三封是蓝色贺卡、第四封是绿色贺卡、第五封是紫色贺卡。

由此可知，小美、轩轩、畅畅、小亮、一鸣分别猜中蓝、黄、红、绿、紫。

【59】小亮的闹钟

7:00。

【60】操场跑步

两人在中途相遇了10次后又相遇在原出发点 A。

解析：两人每次的相遇所需的时间是：$110 \div (6+5) = 10$（秒）；

每次相遇时，轩轩比小明多跑了 $10 \times (6-5) = 10$（米）；

当跑步在 A 点处停止，其间两人相遇的次数为：$110 \div 10 - 1 = 10$（次）。

【61】水渠工程

6天。

【62】紧急工作

$6\frac{2}{3}$ 天。

【63】合作的力量

$7\frac{1}{5}$ 小时。

【64】学校体育馆的游泳池

20小时。

解析：注水口 B 先开6小时后注水口 A 和注水口 C 再开2小时，可以看作注水口 A 和注水口 B 同时开2小时、注水口 B 和注水口 C 同时开2小时、注水口 B 单独开2小时。

假设游泳池灌满时的水量为 a，注水口 B 单独注水2小时水量为 $a - \left(\frac{2a}{5} + \frac{2a}{4} \right) = \frac{a}{10}$，则注水口 B 单独注水的效率为每小时 $\frac{a}{20}$，B 注水口单独开20小时可以将游泳池灌满。

【65】城市体育馆的游泳池

7小时。

解析：红色注水管先开8小时，蓝色注水管再开3小时，可以看作红色注水管和蓝色注水管同时开3小时，红色注水管再单独开5小时。

假设游泳池灌满时的水量为 a，红色注水管单独开5小时的注水量为 $\frac{2a}{5}$，1小时的注水量为 $\frac{2a}{25}$；又因为红色注水管和蓝色注水管同时开5小时灌满水池，则蓝色注水管单独开5小时的注水量为 $\frac{3a}{5}$，1小时注水量为 $\frac{3a}{25}$。

当红色注水管单独开2小时后，还有 $a - \frac{4a}{25} = \frac{21a}{25}$ 需要由蓝色注水管单独灌满，需要时间为 $\frac{21a}{25} \div \frac{3a}{25} = 7$（小时）。

【66】故障游泳池

$\frac{4}{19}$ 小时。

【67】电影院主题日活动

1792人。

【68】图书角

44本。

【69】一起来涂色

两种涂色情况，因此每一列的颜色必定

为下表中的某一种。

涂	涂	不涂	不涂
涂	不涂	不涂	涂

表列中必然有重复的，即必然有两列涂法完全相同。

【70】"牛吃草"问题

假设一头牛1天吃的草为1份。那么10头牛22天吃的草为1×10×22=220(份)，16头牛10天吃草为1×16×10=160(份)。

(220-160)÷(22-10)=5(份)，说明牧场上一天长出新草5份。

220-5×22=110(份)，说明原有老草110份。110÷(25-5)=5.5(天)，这个牧场的青草如果供给25头牛吃，可以吃5天，第6天就不够25头牛吃了。

【71】割草问题

49人。

【72】自动扶梯问题

150阶。

有趣的概率

【73】投掷一颗骰子

5次投掷可能每一次都出现1，也可能每一次都不出现1。投掷1次出现数字1的概率为 $\frac{1}{6}$，不出现1的概率为 $\frac{5}{6}$。连续投掷5次都不出现1的概率为 $\frac{5}{6} \times \frac{5}{6} \times \frac{5}{6} \times \frac{5}{6} \times \frac{5}{6} =0.4$，那么连续投掷5次可能出现1的概率则为0.6。

【74】投掷两颗骰子

两人投掷出相同数字的概率为1/6，投掷出不同数字的概率为5/6，当投掷出不同数字时有两种情况：甲的数字比乙大，甲的数字比乙小，两种情况概率相等，均为1/2，那么甲投掷出的数字比乙大的概率应该为5/6×1/2=5/12。

【75】投掷三颗骰子

6×6×6=216（种）。

【76】投掷硬币

不对。投掷两枚硬币会出现四种可能的结果，每一种结果出现的概率为1/4。

【77】出局游戏

16号和31号。

【78】摸球游戏

假设从盒子A中拿出的两个球都是蓝球，为事件1，概率为 $\frac{1}{7}$。从盒子B中拿出的两个球都是蓝球，为事件2，概率为 $\frac{5}{18}$，当事件1和事件2同时发生且互相独立时，从两个盒子里拿出的球都是蓝球，概率为 $\frac{5}{126}$。

【79】混在一起的书包

三个书包混在一起的摆放方式共有6种，其中至少有一人能正确拿到自己的书包的可能性有4种，概率为 $\frac{2}{3}$。

【80】黑暗中找袜子

为保证至少有一双颜色一致的袜子，小鸣必须一次拿4只袜子。

【81】奖金分配1

根据胜负概率，运动员A应该分得7万元奖金，运动员B应该分得1万元奖金。

【82】奖金分配2

不合理，根据胜负概率，后面还有两局比赛，王鹏获胜赢得比赛的概率为 $\frac{3}{4}$，李达获胜赢得比赛的概率为 $\frac{1}{4}$，所以王鹏和李达应该按照3：1的比例来分配奖金。

【83】乒乓球比赛

每两人赛一场，总共6场，已知没有平局，小红和小亮共赢了3场，那么明明最多赢3场。

排列和规律

【84】第二十个图形

【85】操场排队

男同学。

【86】旗子信号

64种。

【87】分数排列

从小到大：$\frac{3}{8}$、$\frac{1}{2}$、$\frac{4}{5}$、$\frac{5}{6}$、$\frac{12}{13}$。

【88】小数排列

从小到大：0.3、0.6、0.7、1.2、1.8。

【89】小数和分数排列

从大到小：1.37、0.8、5/9、$\frac{7}{16}$、$\frac{1}{3}$。

【90】数字排列

从大到小：8、5.38、π、$\frac{7}{3}$、$\frac{7}{12}$。

【91】分苹果

奇数。

【92】乒乓球选拔赛

9人。

【93】剧院座位

900个。

【94】缺失的图形1

【95】缺失的图形2

从上到下，依次为：

【96】毛笔字

1个。

【97】缺失的数字

10。

解析：第一列数字为后两列数字之和。

【98】质数问题

13、17、19、23、29、31、37、41、43、47…

【99】数独关卡1

1	4	3	2
2	3	4	1
4	1	2	3
3	2	1	4

【100】数独关卡2

2	3	4	1
1	4	3	2
3	2	1	4
4	1	2	3

【101】数独关卡3

2	3	5	6	4	1
1	6	4	2	5	3
5	1	6	3	2	4
3	4	2	5	1	6
6	5	1	4	3	2
4	2	3	1	6	5